U0199716

农场动物们

[英] DK公司　编著
朵　朵　译
赵昊翔　校译

DK

黑龙江少年儿童出版社

登记号：黑版贸审字08-2018-153号

图书在版编目（CIP）数据

农场动物们 / 英国DK公司编著；朵朵译. -- 哈尔滨：黑龙江少年儿童出版社，2019.3
（DK幼儿创意思维训练）
ISBN 978-7-5319-5993-9

Ⅰ. ①农… Ⅱ. ①英… ②朵… Ⅲ. ①家禽－儿童读物②家畜－儿童读物 Ⅳ. ①S8-49

中国版本图书馆CIP数据核字(2018)第236562号

给父母的话

这本书是专门为您的孩子量身打造的，且非常适合亲子互动。希望您能和孩子共度充满欢乐的亲子时光，不过一定要注意安全——尤其是在使用剪刀等具有一定危险性的物品时。祝你们玩得愉快哦！

DK幼儿创意思维训练
农场动物们
Nongchang Dongwumen

［英］DK公司 编著
朵 朵 译
赵昊翔 校译

出版人	商　亮
项目策划	顾吉霞
责任编辑	顾吉霞　张　喆
出版发行	黑龙江少年儿童出版社
	（哈尔滨市南岗区宣庆小区8号楼 邮编 150090）
网　址	www.lsbook.com.cn
经　销	全国新华书店
印　装	深圳当纳利印刷有限公司
开　本	787mm×1092mm　1/16
印　张	2
字　数	40千字
书　号	ISBN 978-7-5319-5993-9
版　次	2019年3月第1版
印　次	2019年3月第1次印刷
定　价	39.80元

（如有缺页或倒装，本社负责退换）

目　录

农场里有哪些动物

农场（Farm）里，生活着许多友好的动物（Friendly animals）。你最喜欢什么动物呢？

鸡

咯咯咯！母鸡下了很多蛋。

鸭子

嘎嘎嘎！鸭子会游泳、潜水，有些鸭子还能飞上一小段距离呢。

牛

哞——每天的大部分时间里，牛都在吃草。

农场里的每一天都充满了乐趣！

你看到老鼠了吗？

猪

　　哼哼哼！顽皮的小猪在泥巴里打滚，这样可以在炎热的日子里凉快一下。

绵羊

　　咩——绵羊身上长着厚厚的羊毛。

马

　　咴儿！咴儿！马可以拉车，还能干很多农活儿。

山羊

　　咩——山羊喜欢奔跑和蹦蹦跳跳。

鸡

农场主(Farmers)几乎每天都能享用新鲜的鸡蛋(Eggs)。白天，鸡在院子里走来走去；晚上，鸡回到鸡舍(Hen house)中休息，鸡舍就是鸡的家。

你知道吗?
一只母鸡每年大约能下300个蛋。

母鸡生蛋，小鸡就是从蛋里孵出来的。

毛茸茸的小鸡真可爱呀!

鸡蛋　鸭蛋　鹅蛋

公鸡每天早上都会"喔喔喔"地打鸣。

农场里养的其他家禽，比如母鸭和母鹅也能下蛋。大多数爬行类及两栖类动物，如蜥蜴和青蛙，也靠产卵来繁衍后代。

母鸡能下蛋。

破壳而出的小鸡

亲自动手制作一幅拼贴画吧！演示鸡蛋是怎么变成小鸡的。

你需要准备：
剪刀
白色、黄色和红色的卡纸
硬纸筒
丙烯颜料
纸
胶水
羽毛
仿真眼睛

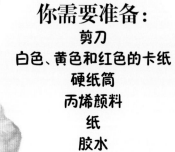

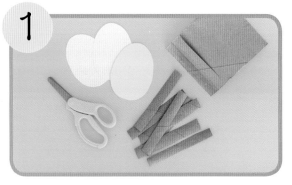

用白色卡纸剪出两个椭圆形，再用黄色卡纸剪出一个椭圆形，然后用硬纸筒剪出一些硬纸条。

将手掌沾满颜料，然后按在白色的卡纸上，留下手掌印，这就是小鸡的轮廓。请把手掌印剪下来。

用红色和黄色的卡纸剪出一个边缘为锯齿状的长方形、一个红色的鸡冠、两个红色的三角形和一个红色的菱形。

将菱形卡纸对折。将对折后的菱形卡纸、仿真眼睛、羽毛用胶水粘在黄色的椭圆形卡纸上。其余的拼贴画请参照下面的图完成制作。

把做好的所有部件都粘在一张椭圆形的卡纸上，拼贴画《破壳而出的小鸡》就做好了！你可以把它挂在墙上。

把硬纸条交错地粘在一起，这就是孵化鸡蛋的地方。

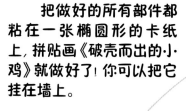

鸡蛋

孵化

锯齿状的长方形卡纸粘上了仿真眼睛，看起来好像是小鸡正在破壳而出！

成功

LL 鸡

小鸡

叽——叽——

在小鸡的下方画两条腿。

绵羊

绵羊是喜欢群居的动物，它们可以为人们提供柔软的羊毛（Wool）和香甜的羊奶（Milk）。

这是一只母绵羊。

1

2

3

羊群
绵羊不喜欢独自生活，在群体（Flocks）中生活它们会觉得更加快乐。

4

羊宝宝又叫作小羊羔。

咩——

让我们来数绵羊。你能数到多少？

你知道吗？
据说，数绵羊可以帮助人们入睡。一只绵羊，两只绵羊，三只绵羊……

咩

羊毛
　　绵羊每年都需要剪毛，可以将剪下来的羊毛纺成毛线。定期剪毛可以避免绵羊的毛过厚。

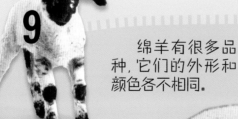

绵羊有很多品种，它们的外形和颜色各不相同。

咩

咩

牧羊犬
　　聪明的牧羊犬能帮助主人驱赶、聚拢羊群，它们是牧羊人的好帮手。

毛茸茸的绵羊

制作一只毛茸茸的、可爱的绵羊
其实一点儿也不难哦!

你需要准备:
硬纸板
剪刀
毛毡
毛线
胶带

别忘了
制作黑色的
绵羊哦!

1

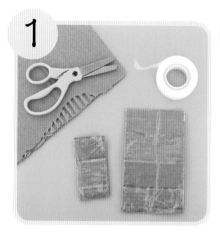

用剪刀在硬纸板上剪下一个大的长方形和一个小的长方形。将胶带粘在剪下来的硬纸板上，让硬纸板的表面变得光滑。

2

将毛线一圈一圈地缠绕在硬纸板上，直到硬纸板变得圆鼓鼓的。

3

将硬纸板从中间对折，然后小心地将硬纸板抽出来。现在，剩下的毛线团就是绵羊的身体。

4

用一根毛线将毛线团拦腰系住，紧紧地捆好。

5

把毛线团的边缘剪断，整理一下，使毛线团变得蓬松。

6

将毛线团的边缘修剪整齐，形成一个毛线球。最后，粘上剪成绵羊头部形状的毛毡片和仿真眼睛。毛茸茸的绵羊就做好啦！

咩——

鸭子

在农场里养鸭子，可以得到美味的鸭蛋（Eggs）。鸭子喜欢在池塘里戏水（Paddling），也喜欢群居生活。

鸭蛋

虽然母鸭会下蛋，但是很多母鸭都不会孵蛋。因此人们常常让母鸡代替母鸭来孵蛋。

鸭子

嘎!

嘎!

飞向南方

鸭子的祖先——野鸭是飞行高手,它们每年都要长途跋涉,飞往南方越冬。野鸭常常结队飞行,在空中组成"v"字形,这样可以让排在队列后面的野鸭飞行起来更省力。

鸭子的脚上长有蹼,因此它们可以在池塘里自由自在地游泳、潜水。不过,当它们在岸上行走的时候就会摇摇摆摆的,显得很笨拙!

牛

牛是一种浑身都是宝的大型家畜，很多农场都饲养牛。牛的性格十分温顺。

公牛和母牛都长着犄角（Horns）。

哞——

放牧

牛总是一副饥肠辘辘的样子！它们每天大部分时间都在草场上吃草。这种饲养牲畜的方式叫作放牧（Grazing）。

牛宝宝被称为"小牛犊"。

牛奶

　　许多农场都饲养奶牛，为人们供应牛奶。牛奶既美味又有营养，而且还能用来制作各种乳制品，比如奶酪和冰激凌。

你知道吗?
牛并不是唯一一种为人们提供奶的动物，还有很多人喝羊奶。

专门用来产奶的牛被称为"奶牛"。

公牛肌肉发达，十分强壮。

牛群
　　牛和绵羊一样，都是群居动物，它们也喜欢和同伴们生活在一起。

哞——
哞

草莓奶昔

牛奶喝起来已经很香甜了，如果做成奶昔（Milk shakes）的话就更美味啦！

你需要准备：
草莓
牛奶
搅拌机

把草莓清洗干净，然后把蒂摘掉。

将草莓放进搅拌机里。

草莓奶昔

自己亲手制作的草莓奶昔，
滴滴都是香浓好滋味！

3

把牛奶倒进搅拌机里，开启搅拌机，将混合物搅拌2—3分钟，直到完全搅拌均匀。

4

把混合物倒进玻璃杯里，草莓奶昔就做好了。快来享用吧!

热闹的猪圈

　　猪是一种非常聪明、好奇心极强的动物。猪和伙伴们一起生活在猪圈（Pigsty）里，它们喜欢在泥巴里打滚。

在一些农场，猪被饲养在果园和树林里。

你知道吗？
有些人饲养迷你猪作为宠物！

凉快一下

　　虽然猪看起来浑身脏兮兮的，但其实它们非常爱干净。猪在泥巴里打滚，是为了保持身体凉爽，并避免皮肤被太阳晒伤。泥巴就是它们的"防晒霜"。

令人吃惊的是，猪还是游泳健将呢！

猪是一种很聪明的动物。

猪喜欢吃各种各样的食物，几乎来者不拒。

猪宝宝很可爱。

猪并不都是粉红色的，有些猪是褐色的，还有些猪身上布满了黑白花纹。

猪用鼻子来拱土、寻找食物，它们的嗅觉很灵敏。

21

我的妈妈在哪里

你知道这些动物宝宝长大后是什么样子吗? 快跟着它们的脚印, 去找一找它们的妈妈吧!

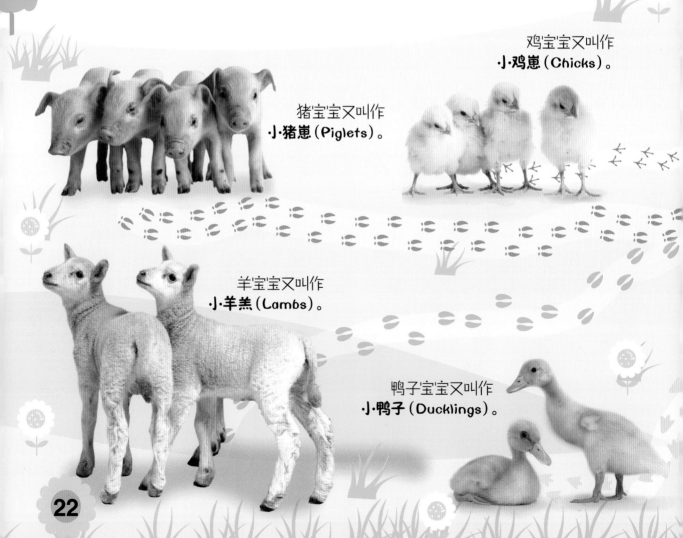

鸡宝宝又叫作 **小·鸡崽(Chicks)**。

猪宝宝又叫作 **小·猪崽(Piglets)**。

羊宝宝又叫作 **小·羊羔(Lambs)**。

鸭子宝宝又叫作 **小·鸭子(Ducklings)**。

快来帮助这些动物宝宝找到它们的妈妈吧！

鸡
我的宝宝"叽叽叽"地叫。

绵羊
我的宝宝长着厚厚的羊毛。

猪
我的宝宝喜欢在泥巴里玩耍。

鸭子
我的宝宝喜欢游泳。

动物饼干

你是不是很喜欢吃香甜的点心? 来尝试制作让人直流口水的饼干(Cookies)吧, 它的造型还是你最喜欢的农场动物朋友呢!

你需要准备:
125克黄油
125克白砂糖
1个蛋黄
1汤匙蜂蜜
175克面粉
1茶匙肉桂粉

把黄油和白砂糖放进一个大碗中, 不停地搅拌, 直到它们如奶油般顺滑。再加入蛋黄和蜂蜜, 搅拌均匀。

将面粉和肉桂粉用筛子筛入大碗中, 要确保面粉和肉桂粉不能结块。

将混合物搅拌均匀, 直到形成一个柔软的面团。用保鲜膜封住碗口, 放入冰箱冷藏室冷却30分钟。

叽叽——

叽叽——

用糖粉装饰饼干

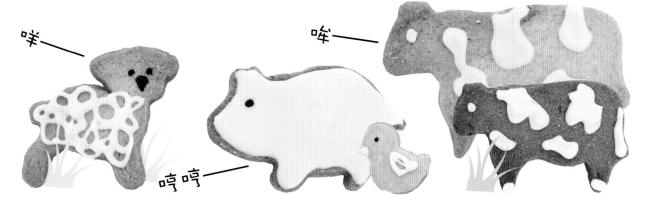

咩——

哞——

哼哼——

4

将烤箱预热到180℃。用擀面杖把面团擀成厚度约5毫米的面饼。

5

用饼干模具压成各种动物形状的面饼，把面饼放进烤盘中。

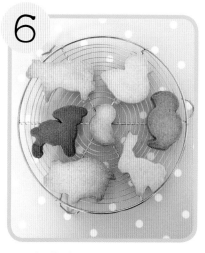

6

把烤盘放入烤箱中，烘烤12—15分钟，直到饼干表面呈金棕色。把饼干从烤箱里拿出来放凉以后，就可以享用啦！

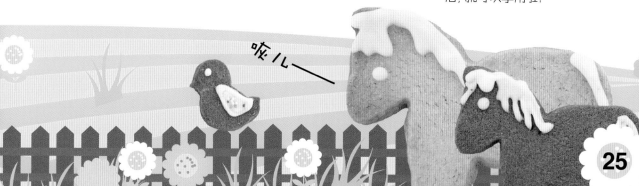

啾儿——

马

马是一种用途很广泛的家畜，它们身体强壮，头脑聪明。人类和马之间有着密切的关系。

马宝宝通常在夜里降生。

公马又叫作牡马，母马又叫作牝马，马宝宝又叫作小马驹。

马掌

马在坚硬的路面上行走时，金属制成的马掌可以保护马蹄。

马的用途很广泛：它们可以拉车、犁地，还可以被人们当作交通工具。

矮种马是一种体形特别小的马。

飞奔而过

马可以行走、慢跑和疾驰。疾驰是马全速飞奔的一种状态。在马术比赛中，骑师驾驭着赛马进行各项比赛。

马能跳得很高！

山羊

山羊是一种可爱又调皮的动物。
人们饲养山羊可以得到羊毛和羊奶。
山羊的生存能力很强。

羊奶中含有丰富的维生素和矿物质。

山羊妈妈是通过山羊宝宝的叫声来辨认自己的孩子的。

咩

角

有些山羊的头上长着犄角。它们喜欢用角互相顶撞着玩耍、打架或者把挡住道路的东西顶开。

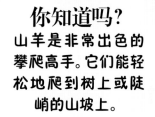

你知道吗？
山羊是非常出色的攀爬高手。它们能轻松地爬到树上或陡峭的山坡上。

讨厌湿乎乎
　　大多数山羊都不喜欢潮湿的环境。每当下雨时，它们就会跑到树下或者可以避雨的地方。

相亲相爱
　　山羊喜欢群居生活。几乎每个山羊群中都有一只领头的母山羊和一只领头的公山羊。

山羊会小心翼翼地跳过水坑。

农场模型

来制作一个属于你自己的迷你农场吧！这些动物朋友要去哪里呢？

你需要准备：

硬纸盒
丙烯颜料和画笔
环保胶和剪刀
硬纸板
动物玩具

一匹小马
想走进农场!
咴儿——嘎嘎——咩——
用蓝色的
纸剪出池塘的
形状。
我的泥塘在哪里？

1

把硬纸盒内部的底面涂成深绿色，其他面都涂成蓝色。硬纸盒的外部则可以涂成你喜欢的任何颜色，晾干。

2

用彩色的纸剪成树木和小山的形状。把一张黄色的纸揉成一个纸团，粘在纸盒的内部，这就是太阳。

3

用不同颜色的纸剪出各种各样的花朵，把花朵粘在纸盒的底面上，作为可爱的装饰。

4

把纸盒放在一张大大的绿纸上，仿佛是一片草地。把动物玩具——摆放好。农场模型就做好啦！

索引

致 谢

The publisher would like to thank the following for their kind permission to reproduce their photographs:

(Key: a-above; b-below/bottom; c-centre; f-far; l-left; r -right; t-top)

4 Fotolia: Eric Isselee (br). **5** Fotolia: Mari art (bcr). **16** Fotolia: Eric Isselee (bcl). **21** Fotolia: Anatolii (cr); Fotolia: Anatolii (c); Peter Anderson (c) Dorling Kindersley, Courtesy of Odds Farm Park, High Wycombe, Bucks (bl); Geoff Brightling (c) Dorling Kindersley, Courtesy of the Norfolk Rural Life Museum and Union Farm (tr). **26** Getty: Photodisc / Thomas Northcut (bl). **29** Geoff Dann (c) Dorling Kindersley, Courtesy of Cotswold Farm Park, Gloucestershire (tl); Peter Anderson (c) Dorling Kindersley, Courtesy of Odds Farm Park, High Wycombe, Bucks (cr).

All other images © Dorling Kindersley
For further information see: www.dkimages.com

Thanks to Lucy Claxton for picture library assistance.